发现更多·4+

动物宝宝

【美】安德里亚·皮宁顿
【美】托里·高登-哈里斯/著
张银娜/译

天津出版传媒集团
新蕾出版社

怎样使用本书

通过阅读本书,你能了解更多关于动物宝宝的有趣知识。

较大的文字和图片会引入重要的主题。

较小的文字帮助你更好地理解图片内容。

连续的图片表现细节。

词汇表解释词语的意思,索引能帮助你在书中找到这些词语。

现在登陆
www.newbuds.cn
下载你的专属电子书,
一起发现更多!

更多知识

更多趣味

目录

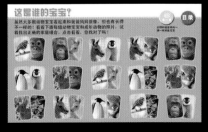

更多互动

更多发现

小鼠标，点一点，
《超萌的动物宝宝》
等你来发现！

谁会有宝宝？

所有动物都会有自己
的宝宝。宝宝慢慢长
大、成年。

动物的特征

所有动物都会有自己的
宝宝。

所有动物都需要进食和
呼吸。

所有动物都会动，并能
感知它们周围的世界。

所有动物都会成长。

猩猩属于猿
的一种。

生命周期

这是一只刚出生
的猿宝宝。

它慢慢长大成年。

动物都需要经历
幼年时期。它们
逐渐长大，继续繁
衍下一代。

它遇到一只雌性
同伴，一起建立
家庭。

它渐渐变老。猿
的寿命最高可达
50 年。

孵化

很多动物属于卵生动物。动物宝宝在卵中发育成形。

一只雌性鸵鸟将蛋产在草丛中。

破壳!

一只鸵鸟宝宝在壳中孵化。

它要花很长的时间来啄碎蛋壳，破壳而出。

蛋的内部结构

一个新生命正在蛋里慢慢长大。它从蛋黄中获得养分,等到发育完成,就能够孵化了。

坚硬的外壳

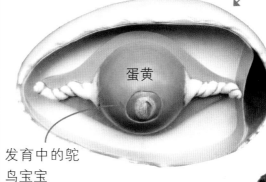

蛋黄

发育中的鸵鸟宝宝

鸵鸟宝宝身上湿漉漉的羽毛开始变得干燥、蓬松。

慢慢地,鸵鸟宝宝试着站立起来,回到父母身边。

宝宝有多少？

通常情况下，卵生动物的宝宝要比胎生动物的多。

鲸鱼妈妈

鲸鱼宝宝

1 鲸鱼一般每胎生一个宝宝。

2 绵羊通常每胎生一到两个宝宝。

双胞胎羊宝宝

5 许多鸭子一窝能产五枚蛋，并孵化出鸭宝宝。

毛茸茸的鸭宝宝

10 大部分壁虎一年可以产十枚卵。孵化时间通常需要六到八周。

壁虎宝宝

1000 大马哈鱼（学名为"鲑鱼"）一次会产下大量的鱼卵，不过只有一部分鱼卵能成功孵化出鱼宝宝。

大马哈鱼宝宝

大马哈鱼卵

成长

有些动物宝宝长得和父母并不像。伴随着成长，它们的相貌也会发生很大变化。

绿树蟒

鸡宝宝身上的绒毛慢慢脱落，长出和鸡妈妈一样的羽毛。

蝉宝宝通过蜕皮的方式长为成虫。

出生一个月后，大熊猫宝宝就能长出像妈妈一样黑白相间的绒毛。

这些呈亮红色或者黄色的树蟒宝宝会随着成长慢慢变成绿色。

蜕变

伴随着成长,有些动物会发生剧烈的变化。这个过程叫作变态。

帝王蝶

一只雌性蝴蝶正在寻找地方产卵。

从卵到蝴蝶

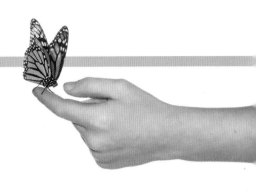

一只蝴蝶在
树叶上产卵。

卵

每个卵可以孵化
出一只毛毛虫。

成年蝴蝶

一只蝴蝶的
生命周期。

毛毛虫

成年的蝴蝶破蛹
而出。

蛹

毛毛虫造蛹,在蛹里
发育成熟。

这里就是我的家

一些动物会为自己的宝宝建新家，它们的家可以是巢、洞穴或者育儿袋。

河狸用树枝在河里筑坝，它们把家建在水下。

有袋类动物的宝宝生活在妈妈的育儿袋里，就像这只袋鼠宝宝。

鸟类筑造的家叫作鸟巢，它们在鸟巢里喂养宝宝。

鼹鼠生活在地下。

鼹鼠宝宝

大多数鼹鼠生活在洞穴中。它们喜欢待在安全又温暖的地下世界。

有些动物会为自己建造高大的土丘作为家，这个土丘就是白蚁的蚁巢。

15

喂食

大多数动物宝宝需要自己寻找食物。有些动物则会喂养它们的宝宝。

成年燕尾鸥

燕尾鸥出去捕猎,它先将食物吞咽,返巢后又将食物反呕出来喂给宝宝。

饥饿的燕尾鸥宝宝

青蛙宝宝靠自己觅食,它正伸出长长的舌头捕获猎物。

狗宝宝在吮吸妈妈的乳汁,很快它们就可以吃固体食物了。

毛毛虫像台机器一样不停地进食,这样它们才能很快长大。

出行

动物们会用不同的方式带着它们的宝宝出行或迁徙。

 # 蝎子宝宝搭乘在妈妈背上一起出行。

负鼠宝宝

负鼠宝宝依附在妈妈身上一起四处觅食。

美洲狮出行时将宝宝轻轻地叼在口中，这样做并不会伤害到宝宝。

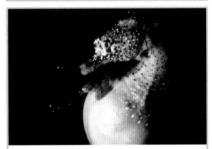

雄性海马将卵看护在腹部的育儿袋中，直到海马宝宝孵化出来。

出生几分钟后，斑马宝宝就能自己站立和行走。

学习

动物宝宝需要学习独自
生存所需的各项技能。

狼宝宝

和兄弟姐妹一起打闹玩
耍可以帮助狼宝宝适应
成年后的生活。

狼妈妈教会狼宝宝如何捕猎，嗥叫，打斗，并为自己清洁。

保护狼宝宝的狼妈妈

狼宝宝成年一般需要两到三年的时间。

健康的狼宝宝

狼妈妈在舔新出生的狼宝宝。很快，狼宝宝就能学会如何为自己清洁了。

狼妈妈教狼宝宝如何嗥叫。它们同时也要学习狼吠和低声呜咽。

这只狼宝宝和妈妈一起奔跑。妈妈教它如何在野外捕猎。

宝宝的看护者

和人类一样,有些动物也会需要临时看护者来帮它们照料宝宝。

海豚群

在一群海豚之中,会有一头雄性或雌性海豚担当起叔叔阿姨的角色来照看海豚宝宝。

这些动物也需要临时看护者。

雄性鸵鸟最多可以帮助五只雌性鸵鸟照料鸵鸟蛋。

猫鼬轮流照看它们的宝宝。

刚孵化出的鳄鱼宝宝会被集中在专门的育儿巢中得到保护。

整个象群都会担负起保护象宝宝的责任。

蝙蝠宝宝

在育儿巢中，蝙蝠宝宝蜷缩在一起互相取暖。

迁徙

一些动物宝宝需要迁徙到距离它们出生地很远的地方。

许多海豹在陆地上产下
宝宝，出生后的海豹宝宝
需要返回到海洋里生活。

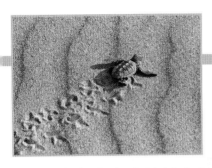

这只海龟宝宝在沙滩上孵化出壳,正在慢慢爬回大海。

大马哈鱼宝宝在河流中孵化,然后它们会游回大海。

牛羚宝宝跟随着妈妈跨越几英里的距离寻找新的草源。

正在睡觉的海豹宝宝

25

生存

在极端的生存环境中,动物们必须特别关照自己的宝宝。

北极熊

北极熊生活在极度严寒的地带。为了抵御寒冷,北极熊妈妈在雪地里的洞穴中生下宝宝。

蜘蛛猴

蜘蛛猴生活在高高的树上,宝宝出生后妈妈会一直带着它出行。直到两岁,蜘蛛猴宝宝才开始独自行动。

北极熊宝宝紧紧地依偎在妈妈厚厚的皮毛上取暖。

沙鸡

在沙漠里寻找水源十分困难。沙鸡妈妈用胸前的羽毛吸饱水，带给宝宝喝。

沙鸡宝宝

野山羊

野山羊妈妈紧紧地贴在宝宝身后，防止它从山崖上掉落。

认识宝宝

看到这里，你一定已经认识不少动物和它们的宝宝了吧。快来指一指，看一看吧！

鹿

鹿宝宝

你认识下面的动物和它们的宝宝吗?

狮子　　狮子宝宝

鸽子　　鸽宝宝

海龟宝宝　海龟

刺猬　刺猬宝宝

天鹅　天鹅宝宝

袋鼠　袋鼠宝宝

鱼　鱼宝宝

兔子　兔宝宝

鲸鱼　鲸鱼宝宝

词汇表

洞穴
兔子、鼹鼠等动物为自己挖掘的地洞。

毛毛虫
某些鳞翅目昆虫的幼虫，比如蝴蝶或蛾的幼虫。

蛹
完全变态的昆虫由幼虫变为成虫的过渡形态，比如蜂蛹等。

沙漠
气候极度干燥，地面完全被沙覆盖的地区。

卵/蛋
由鸟类、昆虫或鱼类的雌性动物产下的圆形或椭圆形物质，里面孕育着一个新生命。

孵化
新生动物从卵中破壳而出的过程。

孵化物
刚孵化出的新生动物。

生命周期
动物从出生到死亡经过的不同阶段。

有袋类动物
袋鼠、考拉等身体上长有育儿袋，并在里面养育宝宝的动物总称。

变态
某些动物在从幼年向成年的个体发育过程中发生的剧烈变化。

巢
鸟类或其他动物筑造的栖息处。

育儿巢
某些动物为了保暖或安全，集中养育动物宝宝的地方。

育儿袋
一些动物身前长有的口袋状育儿器官，宝宝在里面发育长大。

索引

图书在版编目(CIP)数据

动物宝宝 / (美) 皮宁顿 (Pinnington,A.) , (美) 高登-哈里斯 (Gordon-Harris,T.) 著 ; 张银娜译. -- 天津 : 新蕾出版社, 2015.1
(发现更多·4+)
书名原文: Animal babies
ISBN 978-7-5307-6175-5

Ⅰ.①动… Ⅱ.①皮… ②高… ③张… Ⅲ.①动物-儿童读物 Ⅳ.①Q95-49

中国版本图书馆 CIP 数据核字(2014)第 263004 号

出版发行: 天津出版传媒集团
新蕾出版社
e-mail: newbuds@public.tpt.tj.cn
http://www.newbuds.cn
地　　址: 天津市和平区西康路 35 号(300051)
出版人: 马　梅
电　　话: 总编办 (022)23332422
发行部 (022)23332676 23332677
传　　真: (022)23332422
经　　销: 全国新华书店
印　　刷: 北京盛通印刷股份有限公司
开　　本: 787mm×1092mm 1/16
印　　张: 2
版　　次: 2015 年 1 月第 1 版 2015 年 1 月第 1 次印刷
定　　价: 29.80 元